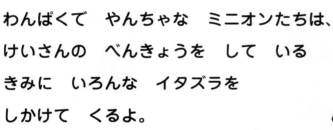

ミニオンたちが きみの ところに やって きた！

わんぱくで　やんちゃな　ミニオンたちは、
けいさんの　べんきょうを　して　いる
きみに　いろんな　イタズラを
しかけて　くるよ。
きみは　ミニオンたちの　イタズラに
まけずに、この　ドリルを
やりとげる　ことが　できるかな？

ミニオンって？

さいきょうで　さいあくの
ボスに　つかえる　ことが
生きがいの　なぞの　生きもの。
きいろい　からだと　おそろいの
オーバーオールが　とくちょうだよ。

ボブ

一生けんめいて
じゅんすい。ちょっぴり
あまえんぼうだよ。

スチュアート

クールな せいかく。
ギターと うたが
とくいだよ。

ケビン

ミニオンたちの
しあわせを いつも
かんがえて いるよ。

カール

おちょうしもので、
たのしい ことが
大すき。

フィル

きれいずきで、
よく そうじを
して いるよ。

オットー

おしゃべりが 大すき。
はに きょうせいきぐを
つけて いるよ。

ジェリー

やさしくて、子どもの
めんどうを みるのが
とくいだよ。

デイブ

しんせつて、
おもいやりの ある
こころの もちぬし。

メル

ぶあいそうだけど
まじめな ミニオン。

1 たしざん

① 50本　あった　ぼうを　ミニオンたちが　バラバラに
して　しまったよ。
あと　なん本　あれば　50本に　なるかな。　　（1つ　10てん）

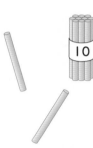

①

4本

②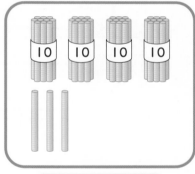

③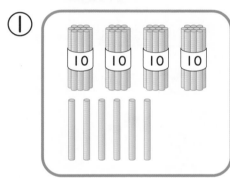

④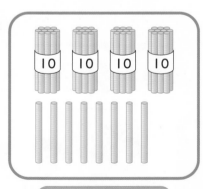

② つぎの けいさんを しよう。　　　　　　　　　　（1つ 5てん）

① $17 + 3 = \boxed{20}$　　② $26 + 4 = \boxed{}$

③ $74 + 6 = \boxed{}$　　④ $15 + 8 = \boxed{}$

⑤ $22 + 9 = \boxed{}$　　⑥ $38 + 7 = \boxed{}$

⑦ $89 + 5 = \boxed{}$　　⑧ $53 + 9 = \boxed{}$

⑨ $46 + 8 = \boxed{}$

③ はっぱを 28まい あつめたよ。
あとから、6まい ひろったよ。
あわせて なんまいに なるかな。　　　　　　（ぜんぶ てきて 15てん）

しき $\boxed{28 + 6 = 34}$

こたえ $\boxed{34\text{まい}}$

4　　　　　　　　　　　　　　　　　　　　©くもん出版

2 ひきざん

名まえ

とくてん　　　てん

① ミニオンたちは、30本の ぼうから なん本か とって
かくして しまったよ。
ぼうは なん本 のこるかな。

（1つ 10てん）

①

25本

②

③

④

2 つぎの けいさんを しよう。 （1つ 5てん）

① $20 - 9 = \boxed{11}$ ② $50 - 6 = \boxed{}$

③ $70 - 8 = \boxed{}$ ④ $90 - 3 = \boxed{}$

⑤ $44 - 7 = \boxed{}$ ⑥ $51 - 4 = \boxed{}$

⑦ $83 - 5 = \boxed{}$ ⑧ $67 - 9 = \boxed{}$

⑨ $75 - 6 = \boxed{}$

3 バナナが 32本 あったよ。
5本 たべると、のこりは なん本に なるかな。

（ぜんぶ できて 15てん）

しき $\boxed{32 - 5 = 27}$

こたえ $\boxed{27本}$

3 たしざんの ひっさん①

① ミニオンたちが パスワードを かってに かえて
しまったよ。
パズルを といて パスワードを もとめよう。

（ぜんぶ　できて　30てん）

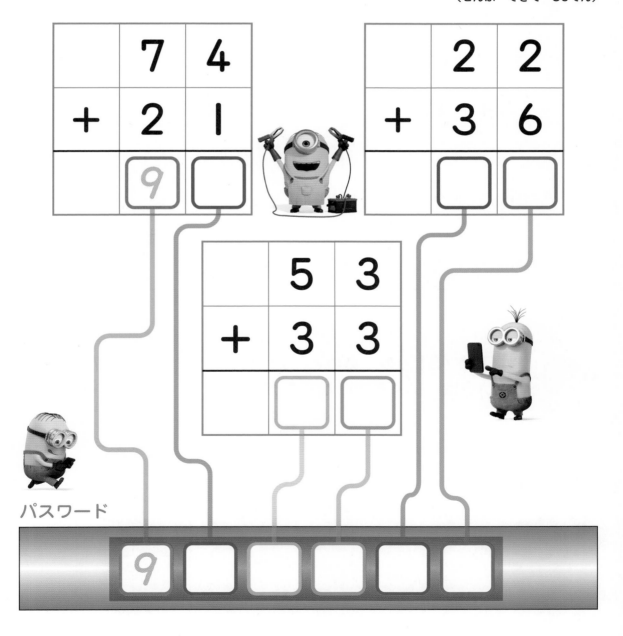

パスワード

©くもん出版

2 つぎの けいさんを ひっさんで しよう。　　（1つ　10てん）

① 43+22

```
    4  3
 +  2  2
    6  5
```

② 14+71

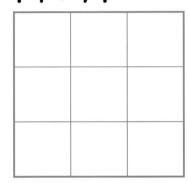

③ 84+12

④ 53+33

3 ボブは 31円の あめと 25円の グミを かったよ。
だい金は いくらに なったかな。　　（1つ　10てん）

ひっさん

しき

こたえ

① ミニオンが　水で　あそんで　ひっさんを　よごして
しまったよ。
あてはまる　かずは　なにかな。

（1つ　10てん）

①
	2	4
+	5	6
	8	▨

□ 0

②
	4	7
+	1	5
	▨	2

□

③
	3	0
+	1	9
	4	▨

□

④
	6	8
+	2	9
	▨	7

□

2 つぎの けいさんを ひっさんで しよう。 （1つ 10てん）

① 16+27

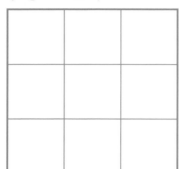

② 35+29

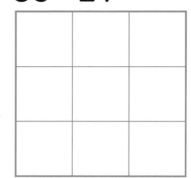

③ 48+12

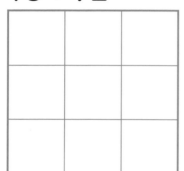

④ 23+50

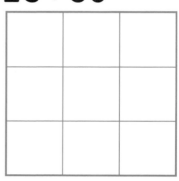

3 スチュアートは 18きょく、カールは 26きょく うたったよ。
あわせて なんきょく うたったかな。 （ぜんぶ できて 20てん）

ひっさん

しき

こたえ

月　日

じ　ふん　じ　ふん

名まえ

とくてん　てん

① ミニオンたちが　めいろを　つくったよ。
正しく　ひっさんが　できて　いる　ほうを　とおって、
ゴールを　めざそう。

（ぜんぶ　できて　20てん）

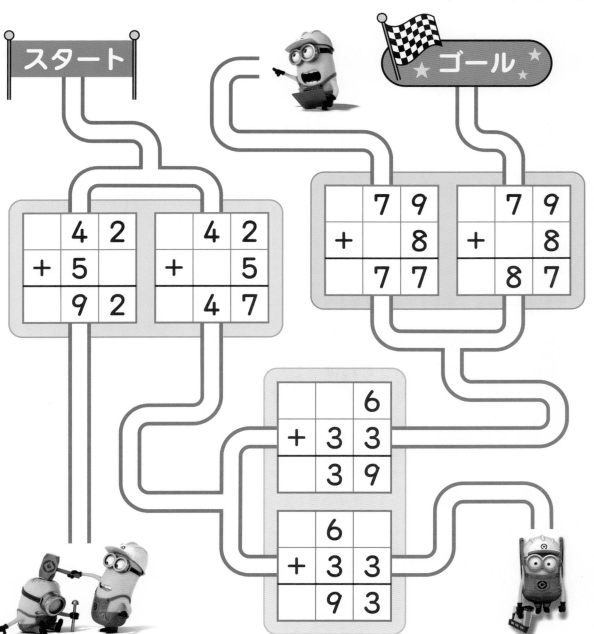

11

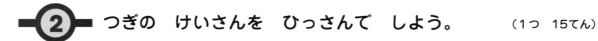

2 つぎの けいさんを ひっさんで しよう。　　　（1つ 15てん）

① 43＋9

② 58＋5

③ 7＋86

④ 4＋66

3 きいろの ふうせんが 39こ あるよ。
青いろの ふうせんは きいろの ふうせんより 8こ
おおいよ。青いろの ふうせんは なんこ あるかな。

（ぜんぶ できて 20てん）

ひっさん

しき

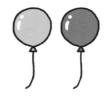

こたえ

6 たしざんの きまり

月　日　　はじめ　おわり
じ　ふん　じ　ふん

名まえ

とくてん　　てん

① ミニオンたちが はこに 入って いた カードを
バラバラに して しまったよ。はこに かいて ある
かずは カードの しきの こたえだよ。
はこと ぜんぶの カードを せんで むすんで もとに
もどそう。

（ぜんぶ できて 30てん）

 18+31

49

 73

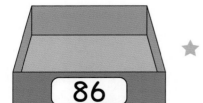 86

32+54

31+18

54+32

44+29

29+44

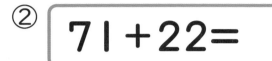

2 つぎの けいさんを しよう。
また、たすかずと たされるかずを 入れかえて、
たしかめを しよう。

（1つ 10てん）

①

$$16 + 52 = 68$$

たしかめ　$52 + 16 =$

②

$$71 + 22 =$$

たしかめ

3 左の カードと おなじ こたえに なる カードを
まるで かこもう。

（1つ 15てん）

46 + 23	?

64 + 32	42 + 36

23 + 46

37 + 57	?

51 + 37	57 + 37

53 + 37

14

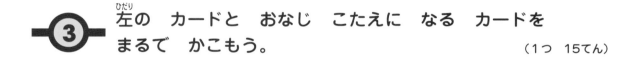

©くもん出版

月　日　　じ　ふん　じ　ふん

名まえ

とくてん　　てん

① ビー玉が 76こ あったよ。その うち 22こを
ミニオンたちが どこかに かくして しまったよ。
のこりは なんこ のこって いるかな。

（1つ 10てん）

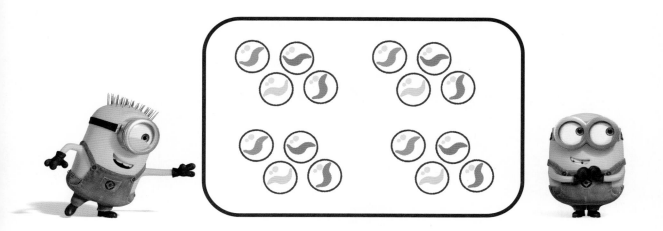

ひっさん

① くらいを たてに
そろえて かこう。

② 一のくらいは

6－2 = [　　]

③ 十のくらいは

7－2 = [　　]

	7	6
－	2	2
	5	4

76－22 = [　　]

2 つぎの けいさんを ひっさんで しよう。 （1つ 10てん）

① 55−21

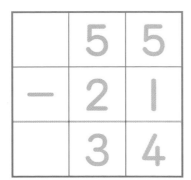

② 47−14

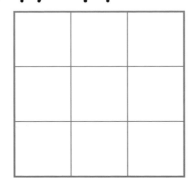

③ 64−32

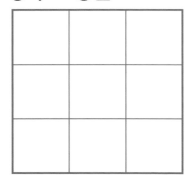

④ 89−48

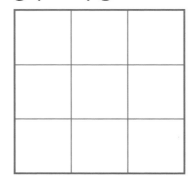

3 38人の ミニオンが いるよ。その うち 25人が あそびに いったよ。
のこって いる ミニオンは なん人かな。

（ぜんぶ できて 20てん）

しき

ひっさん

こたえ

月　日

じ　ふん　じ　ふん

名まえ

とくてん　てん

① ミニオンたちが　ジュースを　こぼして　ひっさんを
よごして　しまったよ。
あてはまる　かずは　なにかな。

（1つ　10てん）

①
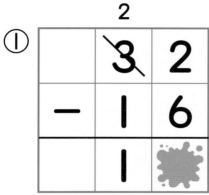

```
      2
    3̸ 2
  - 1 6
    1 ■
```

6

②

```
      3
    4̸ 3
  - 1 5
    2 ■
```

③

```
    5̸ 0
  - 2 9
    2 ■
```

④

```
      7
    8̸ 1
  - 3 7
    4 ■
```

©くもん出版

2 つぎの けいさんを ひっさんで しよう。 （1つ 10てん）

① 31−25

② 53−18

③ 60−46

④ 94−45

3 ミニオンが まちがえて けいさんして しまったよ。
正しい けいさんを おしえて あげよう。 （20てん）

まちがえた ひっさん

	7	2
−	3	9
	4	3

正しい ひっさん

月　日

じ　ふん　じ　ふん

名まえ

とくてん　　　てん

1 83−7の　ひっさんの　しかたを　みんなで　かんがえて
いたら、7を　どこに　かくか　ケンカに　なって
しまったよ。
正しい　ほうに　まるを　かいて　けいさんを　しよう。

（1つ　15てん）

	8	3
−	7	

(　)

	8	3
−		7

(　)

	8	3
−		

2 つぎの けいさんを ひっさんで しよう。　　　　（1つ 10てん）

① 34−8

② 61−4

③ 70−6

④ 50−5

3 つぼが 52こ あるよ。4こ わって しまったよ。
のこりは なんこかな。　　　　（1つ 10てん）

しき

ひっさん

こたえ

©くもん出版

10 ひきざんの きまり

① ひきざんと その こたえの たしかめが
セットに なった カードの くみを、
ミニオンたちが ばらばらに して しまったよ。
もとの くみに なるように、せんで むすぼう。

（ぜんぶ できて 20てん）

ひきざんの ひっさん

$$\begin{array}{r} 75 \\ -38 \\ \hline 37 \end{array}$$

ひきざんの ひっさん

$$\begin{array}{r} 36 \\ -7 \\ \hline 29 \end{array}$$

ひきざんの ひっさん

$$\begin{array}{r} 54 \\ -46 \\ \hline 8 \end{array}$$

$$\begin{array}{r} 29 \\ +7 \\ \hline 36 \end{array}$$

$$\begin{array}{r} 8 \\ +46 \\ \hline 54 \end{array}$$

$$\begin{array}{r} 37 \\ +38 \\ \hline 75 \end{array}$$

こたえの たしかめ　　こたえの たしかめ　　こたえの たしかめ

21

©くもん出版

2 下の ばめんで、こたえの たしかめが できて いるのは
どっちかな。　　　　　　　　　　　　　　　（20てん）

> ケースに えんぴつが 24本
> はいって います。
> えんぴつを 9本 とり出す とき、
> ケースに のこった えんぴつは 15本です。

ⓐ　ケースに のこった えんぴつの かずから
　　とり出した えんぴつの かずを ひく。

ⓘ　ケースに のこった えんぴつの かずに
　　とり出した えんぴつの かずを たす。

```
┌─────────────┐
│             │
│             │
└─────────────┘
```

3 つぎの けいさんを しよう。
また、こたえの たしかめを しよう。　　（1つ 15てん）

①
$$85 - 42 = 43$$

たしかめ 　$43 + 42 =$

②
$$90 - 51 =$$

たしかめ

22　　　　　　　　　　　　　　　　　　　　©くもん出版

たしざん・ひきざんの
ひっさんの れんしゅう①

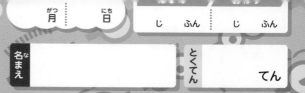

名まえ

とくてん　　てん

1 つぎの けいさんを ひっさんで しよう。　　（1つ 10てん）

① 35＋24

② 46＋37

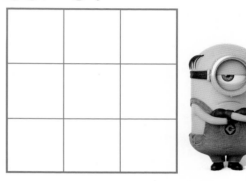

③ 62＋28

④ 49－35

⑤ 51－17

⑥ 80－32

2 青チームは　21人、赤チームは　18人　います。
ちがいは　なん人かな。

（ぜんぶ　できて　20てん）

ひっさん

しき

こたえ

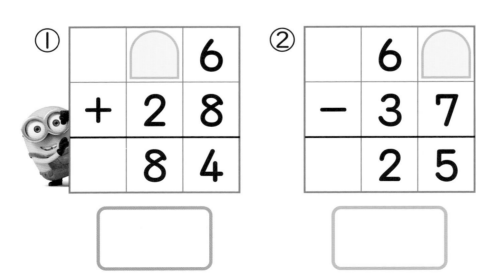

3 かくれて　いる　ところに　はいる　かずを
かんがえよう。

（1つ　10てん）

①

		6
+	2	8
	8	4

②

	6	
−	3	7
	2	5

月　日

じ　ふん　　じ　ふん

名まえ

とくてん　　てん

① ミニオンたちが　ビー玉を　バラバラに　して
しまったよ。
ぜんぶで　ビー玉は　なんこ　あるかな。

（1つ　10てん）

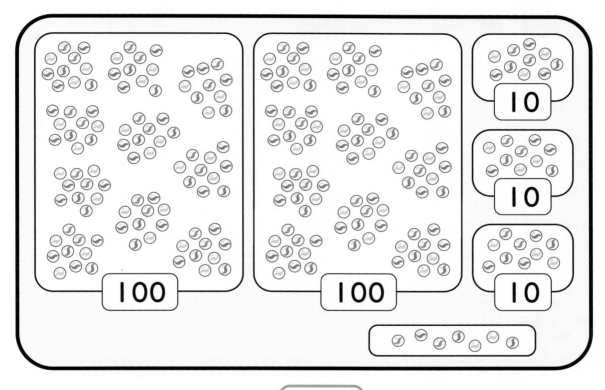

① 100の　まとまりが　[2]こ

② 10の　まとまりが　[　　]こ

③ 1が　[　　]こ

④ ぜんぶで　[　　]こ

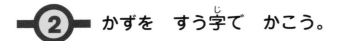

② かずを すう字で かこう。 （1つ 5てん）

①

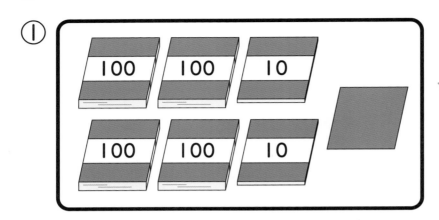

421

②

100	100	10

[　　　]

③ かずと よみかたが おなじに なるように せんで つなごう。 （1つ 10てん）

240 ★		★ 百二十六
126 ★		★ 四百五
405 ★		★ 二百四十
800 ★		★ 百九
109 ★		★ 八百

① ミニオンたちが　10円玉を　たくさん　みつけて　きたよ。
あわせて　いくらに　なるかな。

（ぜんぶ てきて 40てん）

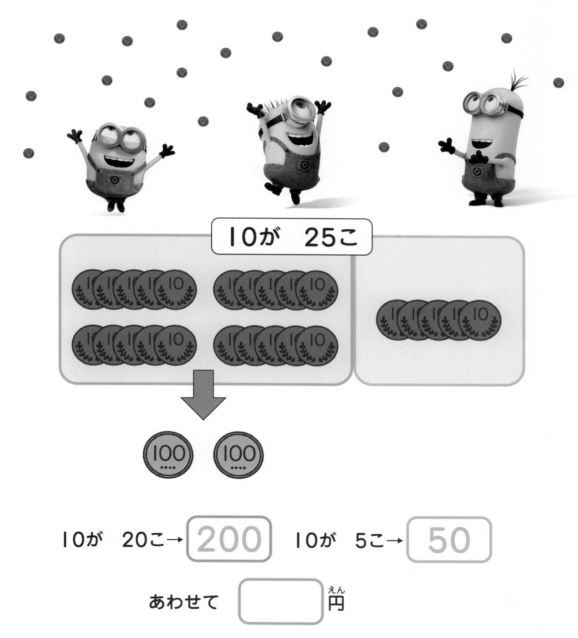

10が　25こ

10が　20こ→ 200　　10が　5こ→ 50

あわせて □ 円

① 426は、100を □ こ

10を □ こ 1を □ こ

あわせた かずだよ。

② 100を 7こ 10を 1こ 1を 3こ

あわせた かずは □ だよ。

③ 10を 50こ あつめた

かずは □ だよ。

④ 800は 10を □ こ あつめた

かずだよ。

©くもん出版

がつ 月　にち 日

はじめ じ ふん　おわり じ ふん

名まえ

とくてん　てん

① ミニオンたちが あんごうを つくったよ。
カードに かかれた かずの ところに ある もじを
つなげて ことばを つくろう。

（1つ 8てん）

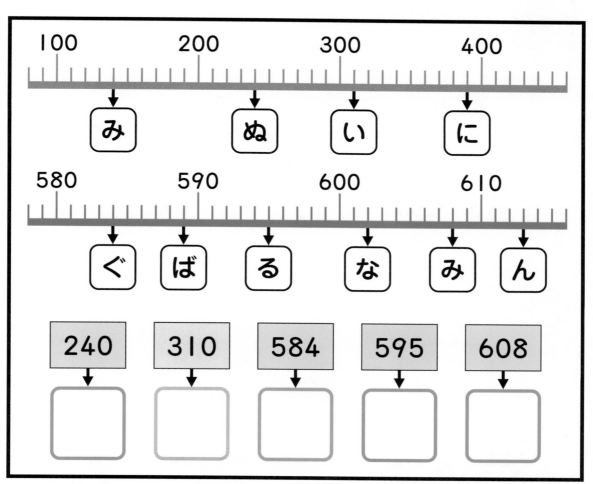

100	200	300	400
み	ぬ	い	に

580	590	600	610

ぐ ば る な み ん

240	310	584	595	608

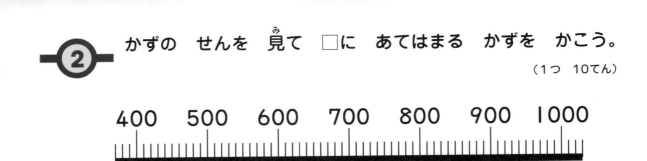

2 かずの　せんを　見て　□に　あてはまる　かずを　かこう。

（1つ　10てん）

① いちばん　小さい　1めもりは　[　　　]を
あらわして　いるよ。

② 1000より　400　小さい　かずは　[　　　]
だよ。

③ 800は　あと　[　　　]で　1000に　なるよ。

3 □に　あてはまる　かずを　かこう。

（1つ　5てん）

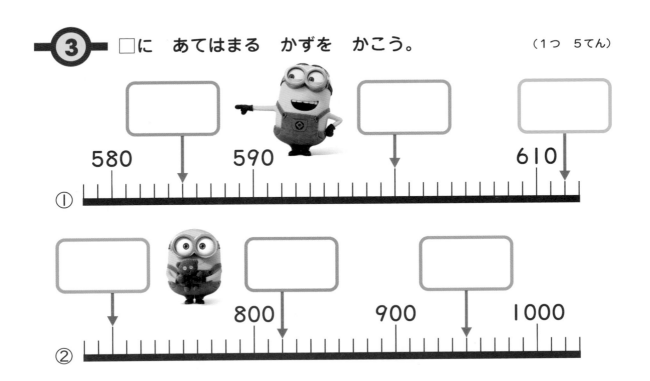

©くもん出版

① ミニオンが まいごに なって いるよ。
大きい ほうを とおって ゴールまで つれて いって
あげよう。

（ぜんぶ できて 30てん）

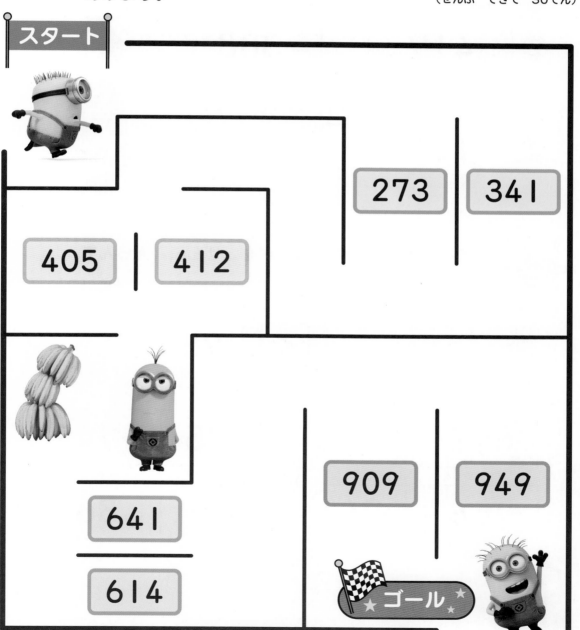

©くもん出版

2 2つの　かずを　くらべて、□に　＞か　＜を　かこう。

（1つ　15てん）

① 571 ＜ 581

② 417 □ 388

③ 101 □ 110

3 あてはまる　かずの　カードを　ぜんぶ　えらんで
まるで　かこもう。

（ぜんぶ　できて　25てん）

□ ＜ 752

699　716　725　749

754　761　841　861

©くもん出版

16 たしざんと ひきざん

① かみが 110まい あったよ。
カールが 20まい とって
いくと、かみは のこり
なんまいに なるか
かんがえよう。

（ぜんぶ できて 20てん）

10 が、 $11-2=9$ で 9 こ

10 が、 9 こ だから、

かみは のこり [　　　　] まい。

©くもん出版

② つぎの けいさんを しよう。 　　　　　　　　　　（1つ　5てん）

① $70 + 50 = \boxed{120}$　　　② $80 + 40 = \boxed{}$

③ $20 + 90 = \boxed{}$　　　④ $150 - 60 = \boxed{}$

⑤ $130 - 70 = \boxed{}$　　　⑥ $180 - 90 = \boxed{}$

⑦ $200 + 300 = \boxed{}$

⑧ $400 + 600 = \boxed{}$

⑨ $800 - 700 = \boxed{}$

⑩ $1000 - 300 = \boxed{}$

③ 30円の　あめと　80円の　チョコレートを　かうと、
いくらに　なるかな。　　　　　　　　　　（1つ　15てん）

しき $\boxed{}$

こたえ $\boxed{}$

17 ＞、＜、＝を つかった しき

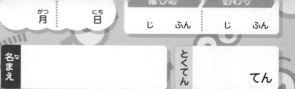

1 デイブと ボブは つぎの しきに らくがきを したよ。
らくがきを した ところに かかれて いたのは、
＞と ＜のうち どっちかな。

（1つ 10てん）

① 150 ▨ 30＋80

150は 30＋80より 大きい から

▨の ところは ＞

② 50 ▨ 120－40

50は 120－40より ☐ から

▨の ところは ☐

35

©くもん出版

2 □に ＞、＜、＝を かこう。 （1つ 15てん）

① 90+80 ＜ 200

② 50 □ 140−90

③ 150 □ 50+70

3 100円の バナナと 300円の りんごは、500円で かう ことが できるよ。 この ことを しきに あらわした ものは どれかな。

（15てん）

あ 100+300＞500

い 500=100+300

う 100+300＜500

え 500＜100+300

36

月　日

じ　ふん　じ　ふん

名まえ

とくてん　てん

① オットーが　シールを　7まい　もって　いるよ。
ケビンから　18まい　もらったよ。
さらに、カールから　2まい　もらったよ。
ぜんぶで　なんまいに　なったかな。

（1つ　5てん）

● 1つの　しきに　あらわそう。

しき　| 7 ＋ 18 ＋ 2 |

●左から　じゅんに　けいさんを　しよう。

7 ＋ 18 ＝ 25

25 ＋ 2 ＝

●もらった　かずを　先に　けいさんを　しよう。

18 ＋ 2 ＝

7 ＋ 　＝

こたえ

37

©くもん出版

2 つぎの　けいさんを　しよう。　　　　　　（1つ　6てん）

① $(4 + 24) + 6 = \boxed{34}$

② $4 + (24 + 6) = \boxed{}$

3 くふうして　けいさんしよう。　　　　　　（1つ　6てん）

① $31 + 6 + 4 = \boxed{}$

② $65 + 2 + 3 = \boxed{}$

③ $9 + 47 + 3 = \boxed{}$

4　うさぎが　16ぴき　いるよ。
そこへ　6ぴき　きたよ。
さらに　4ひき　きたよ。
うさぎは　なんびきに　なったかな。

（1つ　10てん）

しき　$\boxed{}$

こたえ　$\boxed{}$

月　日

じ　ふん　じ　ふん

名まえ

とくてん　てん

① ミニオンたちが　54＋82の　けいさんで　なやんで
いるよ。けいさんの　しかたを　おしえて　あげよう。

（ぜんぶ　できて　30てん）

① くらいを　たてに
そろえて　かこう。

② 一のくらいは、

$4 + 2 =$ ☐

③ 十のくらいは、

$5 + 8 =$ ☐

④ 百のくらいに ☐ くり上げる。

ひっさん

	5	4
＋	8	2
1	3	6

● 32＋96の　ひっさんを
れんしゅうしよう。

ひっさん

	3	2
＋	9	6

©くもん出版

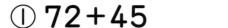

2 つぎの けいさんを ひっさんで しよう。　　　　（1つ　10てん）

① 72＋45

```
   7 2
 + 4 5
 1 1 7
```

② 31＋87

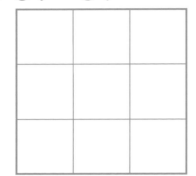

③ 43＋66

④ 60＋75

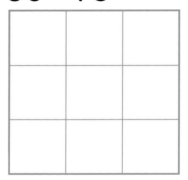

3 スチュアートは バナナを 52本、ケビンは バナナを 63本 もって いるよ。バナナは あわせて なん本かな。

（1つ　10てん）

しき

こたえ

ひっさん

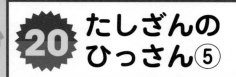

20 たしざんの ひっさん⑤

がつ 月　にち 日

名まえ

はじめ　おわり
じ　ふん　じ　ふん

とくてん　てん

① スチュアートが ①の ひっさんの すう字カードを
1まい、デイブが ②の ひっさんの すう字カードを
1まい とって かくして しまったよ。
かくした すう字カードは なにかな。

（1つ 20てん）

©くもん出版

2 つぎの けいさんを ひっさんで しよう。　（1つ　10てん）

① 78+64

② 33+99

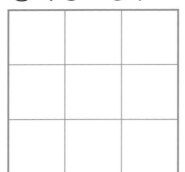
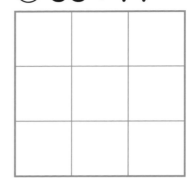

③ 57+63

④ 86+85

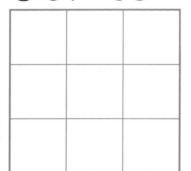
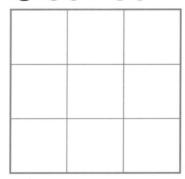

3 きのう 本を 48ページ よんで、きょう 52ページ
よんだよ。あわせて なんページ よんだかな。

（ぜんぶ てきて　20てん）

しき

こたえ

ひっさん

©くもん出版

1 ミニオンが　まちがえて　けいさんして　しまったよ。
正しい　けいさんを　おしえて　あげよう。

（1つ　10てん）

十のくらいの
けいさんが
まちがえて　いるよ！

まちがえた　ひっさん

	1	2	7
−		4	5
	1	2	2

正しい　ひっさん

	1	2	7
−		4	5
		8	2

① くらいを　そろえて　かくよ。

② 一のくらいは

$7 - 5 = \boxed{}$

③ 十のくらいは　百のくらいから　1
くり下げるよ。

$\boxed{} - 4 = 8$

② つぎの けいさんを ひっさんで しよう。 （1つ 10てん）

① 153−62

```
  1 5 3
−   6 2
    9 1
```

② 149−86

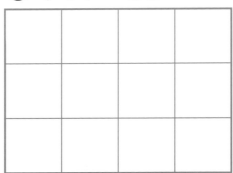

③ 128−52

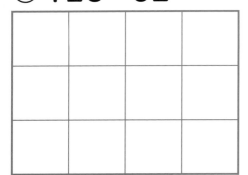

④ 135−91

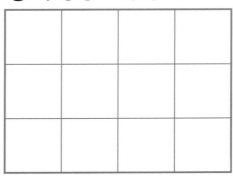

③ 146ページ ある 本<small>ほん</small>を 73ページまで よんだよ。 のこりは なんページ あるかな。 （1つ 10てん）

しき

こたえ

ひっさん

月　日

名まえ

じ　ふん　じ　ふん

とくてん　てん

1 ミニオンたちが　ちらしを　やぶいて、
ねだんが　わからなく　なって
しまったよ。けいさんを　して
ねだんを　もとめよう。　（1つ　10てん）

①

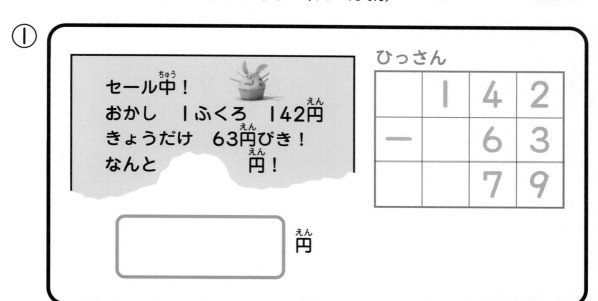

セール中！
おかし　1ふくろ　142円
きょうだけ　63円びき！
なんと　　　　　円！

ひっさん

	1	4	2
−		6	3
		7	9

円

②

ひっさん

大やすうり！
バナナ　1はこ　176円
いまなら　89円びき！
なんと　　　　　円！

円

45

©くもん出版

2 つぎの けいさんを ひっさんで しよう。　　（1つ　10てん）

① 121−65

② 135−76

③ 146−48

④ 164−99

3 デイブが バナナの おおぐいに ちょうせん したよ。
はじめに バナナは 172本 あったよ。
のこりは 94本 だよ。デイブは なん本 たべたかな。

（ぜんぶ　てきて　20てん）

しき

こたえ

ひっさん

46

月　日

名まえ

とくてん　　てん

1 ミニオンが ペンキで あそんで ひっさんを
よごして しまったよ。
あてはまる かずは なにかな。

（1つ 10てん）

①
```
   | 1 5 6
 + |     8
   | 1 ▓ 4
```

6

②
```
   | 3 2 7
 + |   4 5
   | 3 ▓ 2
```

③
```
   | 2 8 4
 + |     6
   | 2 ▓ 0
```

④
```
   | 5 3 8
 + |   3 7
   | 5 ▓ 5
```

©くもん出版

2 つぎの けいさんを ひっさんで しよう。 （1つ 10てん）

① 343+19

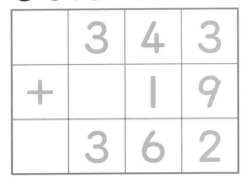

```
  3 4 3
+   1 9
  3 6 2
```

② 417+23

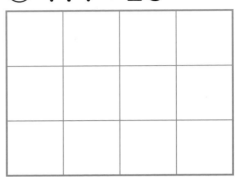

③ 524+8

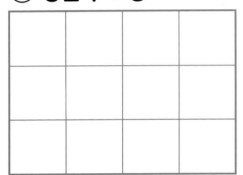

④ 635+5

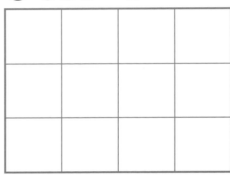

3 おりがみが 256まい あるよ。
7まい もらったよ。おりがみは ぜんぶで
なんまいに なったかな。 （ぜんぶ てきて 20てん）

しき

こたえ

ひっさん

48

がつ 月　にち 日

じ　ふん　じ　ふん

名まえ

とくてん　てん

1 ミニオンが つないで いた せんを とって
しまったよ。けいさんを して、おなじ こたえに なる
ひっさんを せんで つなごう。

（ぜんぶ できて 30てん）

	4	7	1
−		2	8
	3	4	3

⭐

	3	8	7
−		6	2

⭐

⭐

	3	5	2
−			9
	3	4	3

⭐

	3	9	3
−		6	8

©くもん出版

2 つぎの けいさんを ひっさんで しよう。 （1つ 10てん）

① 574-61

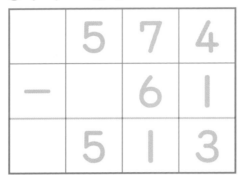

② 352-44

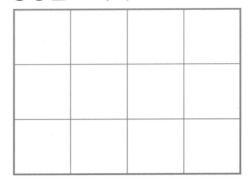

③ 776-37

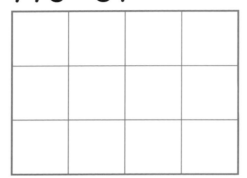

④ 241-16

3 あめが 262こ あるよ。ミニオンたちに くばると、
のこりは 57こに なったよ。
くばった かずは なんこかな。 （1つ 10てん）

しき

こたえ

ひっさん

月　日

なまえ

とくてん　てん

① つぎの けいさんを ひっさんで しよう。 （1つ 10てん）

① 55＋83

② 48＋97

③ 139－54

④ 125－28

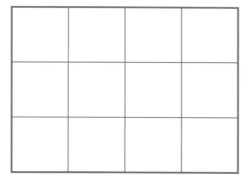

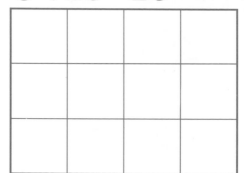

⑤ 317＋27

⑥ 243－34

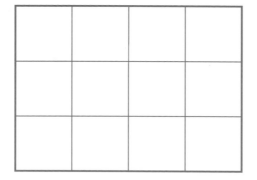

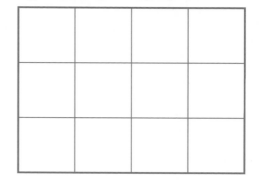

51

2 スチュアートは 57こ、カールは 63こ あめを もって
いるよ。あわせて なんこに なる かな。

（ぜんぶ できて 20てん）

しき

こたえ

ひっさん

3 かくれて いる ところに はいる かずを かんがえよう。

（1つ 10てん）

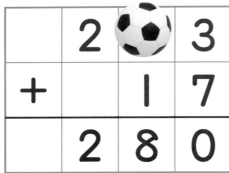

	2	3
+	1	7
2	8	0

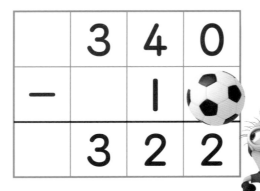

	3	4	0
−		1	
3	2	2	

①

②

©くもん出版

26 かけざん

① ミニオンに バナナの かぞえかたを おしえて あげるよ。
□に あてはまる かずを かこう。

（それぞれ ぜんぶ できて 15てん）

①

たしざんの しき $3 + 3 + 3 + 3 = 12$

かけざんの しき $3 × 4 = 12$

1つぶんの かず　いくつぶん　ぜんぶの かず

②

たしざんの しき □ + □ + □ = □

かけざんの しき □ × □ = □

1つぶんの かず　いくつぶん　ぜんぶの かず

2

えを みて かけざんの しきに あらわそう。
こたえは たしざんで もとめよう。

（1つ 10てん）

① しき $5 × 2$

こたえ 10本

② しき

こたえ

③ しき

こたえ

3

1はこに 6この ももが 入って いるよ。
5はこでは、ももは なんこ あるかな。

（1つ 5てん）

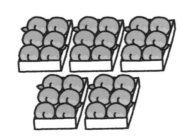

しき

こたえ

月 日

名まえ

とくてん　　てん

① ミニオンたちが いたずらを したよ。
5のだんの 九九が 正しく いえたら
□に ○を かこう。

（ぜんぶ てきて 25てん）

5 × 1 = 5	五一が
5 × 2 = 10	五二 10
5 × 3 = 15	五三 15
5 × 4 = 20	五四
5 × 5 = 25	五五 25
5 × 6 = 30	五六 30
5 × 7 = 35	五七
5 × 8 = 40	五八 40
5 × 9 = 45	五九 45

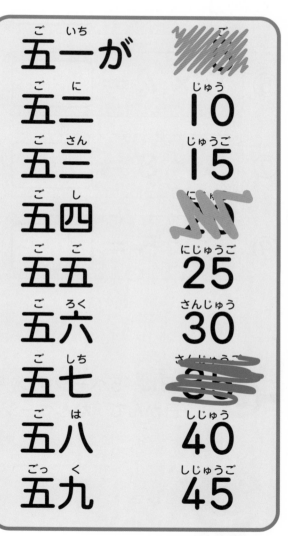

2 つぎの けいさんを しよう。 （1つ 5てん）

① 5 × 3 =

② 5 × 6 =

③ 5 × 9 =

④ 5 × 1 =

⑤ 5 × 4 =

⑥ 5 × 7 =

⑦ 5 × 8 =

⑧ 5 × 2 =

⑨ 5 × 5 =

3 1日に 5ページずつ 本を よむ ことに したよ。
7日かんで なんページ よむ ことが できるかな。

（1つ 15てん）

しき

こたえ

©くもん出版

月　日

名まえ

とくてん　　てん

① ミニオンたちが　いたずらを　したよ。
2のだんの　九九が　正しく　いえたら
□に　○を　かこう。

（ぜんぶ　できて　25てん）

$2 \times 1 = 2$	二一が
$2 \times 2 = 4$	二二が　4
$2 \times 3 = 6$	二三が　6
$2 \times 4 = 8$	二四が　8
$2 \times 5 = 10$	二五
$2 \times 6 = 12$	二六
$2 \times 7 = 14$	二七　14
$2 \times 8 = 16$	二八
$2 \times 9 = 18$	二九　18

② つぎの けいさんを しよう。　　　　　　　　（1つ　5てん）

① $2 \times 4 =$ ☐　　　　② $2 \times 7 =$ ☐

③ $2 \times 3 =$ ☐　　　　④ $2 \times 1 =$ ☐

⑤ $2 \times 5 =$ ☐　　　　⑥ $2 \times 6 =$ ☐

⑦ $2 \times 2 =$ ☐　　　　⑧ $2 \times 9 =$ ☐

⑨ $2 \times 8 =$ ☐

③ 1さらに おすしが 2こずつ のって いるよ。
3さらでは、おすしは なんこかな。　　　（1つ　15てん）

しき ☐

こたえ ☐

58

月　日　　じ　ふん　じ　ふん

名まえ

とくてん　　てん

① ミニオンたちが いたずらを したよ。
3のだんの 九九が 正しく いえたら
□に ○を かこう。

（ぜんぶ できて 25てん）

$3 × 1 = 3$
$3 × 2 = 6$
$3 × 3 = 9$
$3 × 4 = 12$
$3 × 5 = 15$
$3 × 6 = 18$
$3 × 7 = 21$
$3 × 8 = 24$
$3 × 9 = 27$

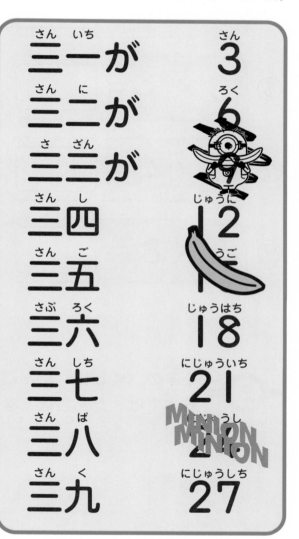

さんいち　　さん
三一が　　3
さんに　　ろく
三二が　　6
さ　ざん
三三が
さん　し　　じゅうに
三四　　12
さん　ご　　うご
三五
さぶ　ろく　　じゅうはち
三六　　18
さん　しち　　にじゅういち
三七　　21
さん　ぱ　　にじゅうし
三八　　24
さん　く　　にじゅうしち
三九　　27

2 つぎの けいさんを しよう。 （1つ 5てん）

① $3 \times 2 = \boxed{}$

② $3 \times 5 = \boxed{}$

③ $3 \times 7 = \boxed{}$

④ $3 \times 3 = \boxed{}$

⑤ $3 \times 1 = \boxed{}$

⑥ $3 \times 9 = \boxed{}$

⑦ $3 \times 4 = \boxed{}$

⑧ $3 \times 6 = \boxed{}$

⑨ $3 \times 8 = \boxed{}$

3 1本の くしに だんごが 3こ ささっているよ。
6本では だんごは なんこ あるかな。 （1つ 15てん）

しき _____

こたえ _____

30 4のだんの 九九

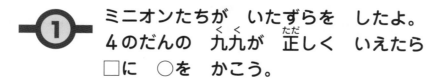

ミニオンたちが いたずらを したよ。
4のだんの 九九が 正しく いえたら
□に ○を かこう。

（ぜんぶ できて 25てん）

4 × 1 = 4	四一が 4
4 × 2 = 8	四二が 8
4 × 3 = 12	四三
4 × 4 = 16	四四 16
4 × 5 = 20	四五 20
4 × 6 = 24	四六
4 × 7 = 28	四七 28
4 × 8 = 32	四八
4 × 9 = 36	四九 36

©くもん出版

2 つぎの けいさんを しよう。 （1つ 5てん）

① $4 \times 8 =$ ☐　　② $4 \times 6 =$ ☐

③ $4 \times 5 =$ ☐　　④ $4 \times 2 =$ ☐

⑤ $4 \times 1 =$ ☐　　⑥ $4 \times 4 =$ ☐

⑦ $4 \times 7 =$ ☐　　⑧ $4 \times 9 =$ ☐

⑨ $4 \times 3 =$ ☐

3 あめを ひとりに 4こずつ くばるよ。
8人に くばるには あめは ぜんぶで
なんこ いるかな。　（1つ 15てん）

しき ☐

こたえ ☐

©くもん出版

31 6のだんの 九九

① ミニオンたちが いたずらを したよ。
6のだんの 九九が 正しく いえたら
□に ○を かこう。

（ぜんぶ てきて 25てん）

6 × 1 = 6	
6 × 2 = 12	
6 × 3 = 18	
6 × 4 = 24	
6 × 5 = 30	
6 × 6 = 36	
6 × 7 = 42	
6 × 8 = 48	
6 × 9 = 54	

六一（ろくいち）が 6（ろく）
六二（ろくに） 12（じゅうに）
六三（ろくさん） 18（じゅうはち）
六四（ろくし） にじゅ〔…〕
六五（ろくご）
六六（ろくろく）
六七（ろくしち）
六八（ろくは）
六九（ろっく） 54（ごじゅうし）

©くもん出版

② つぎの　けいさんを　しよう。　　　　　　　　　　（1つ　5てん）

① 6 × 1 =

② 6 × 5 =

③ 6 × 6 =

④ 6 × 8 =

⑤ 6 × 4 =

⑥ 6 × 9 =

⑦ 6 × 7 =

⑧ 6 × 3 =

⑨ 6 × 2 =

③ 6人がけの　いすが　3つ　あるよ。
ぜんぶで　なん人　すわれるかな。　　　　　　（1つ　15てん）

しき

こたえ

64　　　　　　　　　　　　　　　　　　　　　©くもん出版

名まえ

とくてん　　　てん

① ミニオンたちが　いたずらを　したよ。
7のだんの　九九が　正しく　いえたら
□に　○を　かこう。

（ぜんぶ　てきて　25てん）

$$7 \times 1 = 7$$
$$7 \times 2 = 14$$
$$7 \times 3 = 21$$
$$7 \times 4 = 28$$
$$7 \times 5 = 35$$
$$7 \times 6 = 42$$
$$7 \times 7 = 49$$
$$7 \times 8 = 56$$
$$7 \times 9 = 63$$

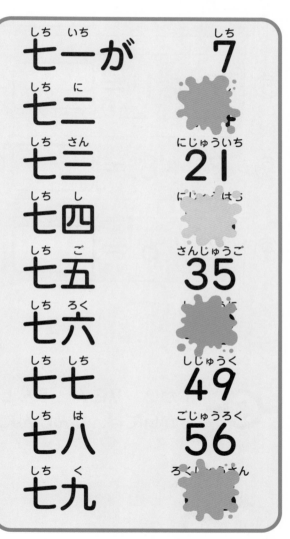

七一が　7
七二
七三　21
七四
七五　35
七六
七七　49
七八　56
七九

② つぎの けいさんを しよう。 （1つ 5てん）

① $7 \times 4 =$ ☐   ② $7 \times 7 =$ ☐

③ $7 \times 9 =$ ☐   ④ $7 \times 3 =$ ☐

⑤ $7 \times 1 =$ ☐   ⑥ $7 \times 5 =$ ☐

⑦ $7 \times 8 =$ ☐   ⑧ $7 \times 2 =$ ☐

⑨ $7 \times 6 =$ ☐

③ 1かい 7ふん うんどうを する ことに したよ。
5かいでは、なんふんに なるかな。 （1つ 15てん）

しき ☐

こたえ ☐

66

月 | 日

じ ふん | じ ふん

名まえ

とくてん | てん

① ミニオンたちが いたずらを したよ。
8のだんの 九九が 正しく いえたら
□に ○を かこう。

（ぜんぶ てきて 25てん）

8 × 1 = 8	八一が 8
8 × 2 = 16	八二 
8 × 3 = 24	八三 24
8 × 4 = 32	八四 32
8 × 5 = 40	八五 40
8 × 6 = 48	八六 48
8 × 7 = 56	八七 56
8 × 8 = 64	八八 64
8 × 9 = 72	八九 72

2 つぎの けいさんを しよう。 （1つ 5てん）

① 8 × 5 = ⬜　　② 8 × 6 = ⬜

③ 8 × 7 = ⬜　　④ 8 × 3 = ⬜

⑤ 8 × 2 = ⬜　　⑥ 8 × 4 = ⬜

⑦ 8 × 1 = ⬜　　⑧ 8 × 8 = ⬜

⑨ 8 × 9 = ⬜

3 バナナを ひとりに 8本ずつ くばるよ。
ミニオンは 7人 いるよ。
バナナは ぜんぶで なん本 いるかな。

（1つ 15てん）

しき ⬜

こたえ ⬜

©くもん出版

<table>
<tr><td>名まえ</td><td></td></tr>
</table>

とくてん　　てん

① ミニオンたちが いたずらを したよ。
9のだんの 九九が 正しく いえたら
□に ○を かこう。

（ぜんぶ できて 25てん）

9 × 1 = 9	九一が 9
9 × 2 = 18	九二 18
9 × 3 = 27	九三
9 × 4 = 36	九四
9 × 5 = 45	九五
9 × 6 = 54	九六
9 × 7 = 63	九七
9 × 8 = 72	九八 72
9 × 9 = 81	九九 81

2 つぎの　けいさんを　しよう。　　　　　　　　　　（1つ　5てん）

① $9 \times 5 =$ ☐　　② $9 \times 3 =$ ☐

③ $9 \times 8 =$ ☐　　④ $9 \times 1 =$ ☐

⑤ $9 \times 4 =$ ☐　　⑥ $9 \times 6 =$ ☐

⑦ $9 \times 2 =$ ☐　　⑧ $9 \times 9 =$ ☐

⑨ $9 \times 7 =$ ☐

3 りんごを　ひとりに　9こずつ　くばるよ。
ミニオンは　4人　いるよ。
りんごは　ぜんぶで　なんこ　いるかな。　　　　（1つ　15てん）

しき ☐

こたえ ☐

70

月　日　　じ　ふん　じ　ふん

名まえ

とくてん　　てん

1 ミニオンたちが　いたずらを　したよ。
1のだんの　九九が　正しく　いえたら
□に　○を　かこう。

（ぜんぶ　できて　25てん）

1 × 1 = 1	いん いち 一一が
1 × 2 = 2	いん に 一二が　2
1 × 3 = 3	いん さん 一三が
1 × 4 = 4	いん し 一四が　4
1 × 5 = 5	いん ご 一五が　5
1 × 6 = 6	いん ろく 一六が　6
1 × 7 = 7	いん しち 一七が
1 × 8 = 8	いん はち 一八が　8
1 × 9 = 9	いん く 一九が

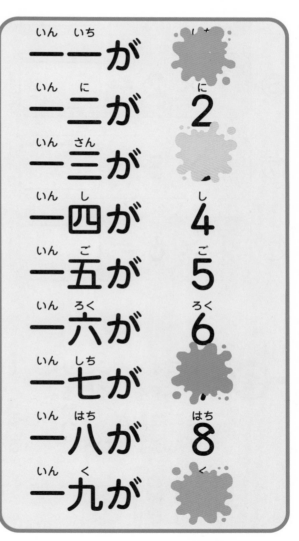

2 つぎの けいさんを しよう。　　　　　　　　　　　（1つ 5てん）

① 1 × 5 = ☐　　　　② 1 × 3 = ☐

③ 1 × 9 = ☐　　　　④ 1 × 1 = ☐

⑤ 1 × 2 = ☐　　　　⑥ 1 × 7 = ☐

⑦ 1 × 8 = ☐　　　　⑧ 1 × 4 = ☐

⑨ 1 × 6 = ☐

3 ミニオン ひとりに 1こずつ
ケーキを くばるよ。
ミニオンが 9人 いる とき、ケーキは
ぜんぶで なんこ いるかな。　（1つ 15てん）

しき ☐

こたえ ☐

36 なんばい

① ミニオンたちは　ペンキを
見つけて　大はしゃぎ。
つぎの　ながさに　なるように
いろを　ぬろう。　　（1つ　15てん）

① **2cmの　5ばい**

2cm

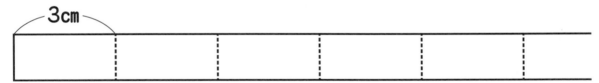

② **3cmの　4ばい**

3cm

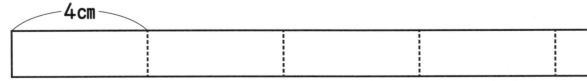

③ **4cmの　3ばい**

4cm

2 ⓐの リボンの ながさは 5cmで、ⓘは ⓐの 3ばいの ながさだよ。ⓘの リボンの ながさを もとめよう。　（ぜんぶ できて 15てん）

ⓐ ⎰5cm⎱
ⓘ

しき

$$5 \times 3 = 15$$

こたえ

3 かけざんの しきに かいて もとめよう。

（それぞれ ぜんぶ できて 20てん）

① 3本の 6ばい

しき

こたえ

② 2Lの 4ばい

しき

こたえ

37 かけざんの れんしゅう

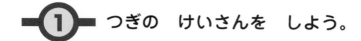

① つぎの けいさんを しよう。

（1つ 5てん）

① 6 × 3 =

② 4 × 8 =

③ 2 × 9 =

④ 8 × 5 =

⑤ 5 × 7 =

⑥ 9 × 4 =

⑦ 1 × 6 =

⑧ 7 × 2 =

⑨ 3 × 7 =

⑩ 6 × 8 =

⑪ 7 × 7 =

⑫ 9 × 9 =

2 つぎの しきに なる もんだいを つくろう。 （1つ 5てん）

① 4 × 3

ドーナツが ☐ こずつ 入った

はこが ☐ はこ あります。

ドーナツは あわせて なんこ
ありますか。

② 8 × 9

☐ cmの ☐ ばいは

なんcmですか。

| ? | cm

3 1こ 9円の ガムを 6こ かうよ。
だい金は いくらに なるかな。

（1つ 10てん）

しき ☐

9円

こたえ ☐

76

©くもん出版

月　日

名まえ

とくてん　てん

① カールが デイブの バナナを とって にげて いるよ。
こたえが おなじに なる ほうを とおって
おいかけよう。

（ぜんぶ てきて 30てん）

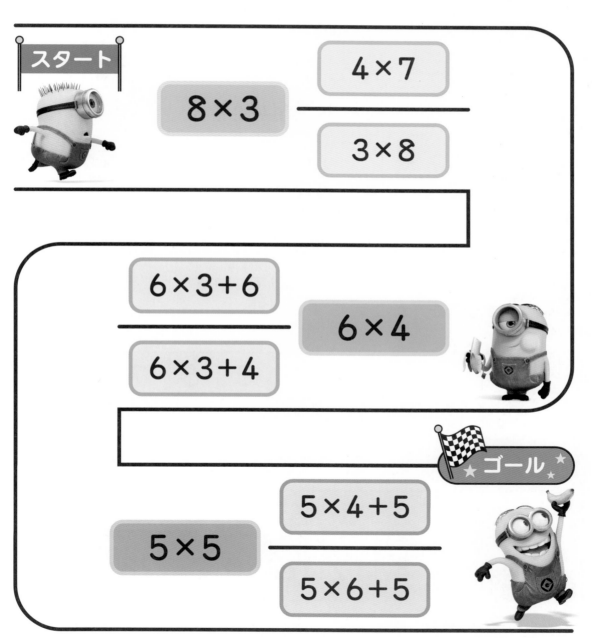

スタート

4×7

8×3

3×8

6×3+6

6×4

6×3+4

ゴール

5×4+5

5×5

5×6+5

©くもん出版

2 □に あてはまる かずを かこう。 （1つ 10てん）

① $5 \times 6 = 5 \times 5 + \boxed{5}$

② $4 \times 7 = 4 \times 6 + \boxed{}$

③ $8 \times 2 = 2 \times \boxed{}$

④ $6 \times 9 = \boxed{} \times 6$

3 かけざんの ひょうの あいて いる ところに
すう字を かこう。 （1つ 5てん）

①

	1	2	3	4	5	6	7	8	9
7	7	14	21	28			49	56	63

②

	1	2	3	4	5	6	7	8	9
4		8	12	16	20	24	28		

78

① ミニオンたちが 九九の ひょうの 中の
かずを いくつか けして しまったよ。
あいて いる ところを うめよう。

（ぜんぶ できて 40てん）

かけるかず

かけられるかず	1	2	3	4	5	6	7	8	9
1	1	2		4	5	6		8	9
2	2	4	6		10	12	14	16	18
3		6	9	12	15	18	21		27
4	4	8	12	16		24	28	32	
5	5		15	20	25	30		40	45
6	6	12		24	30	36	42	48	54
7	7	14	21		35	42	49		63
8		16	24	32		48	56	64	72
9	9	18	27	36	45	54		72	

九九の ひょうを ひろげたよ。
①、②、③に はいる かずを もとめよう。　　（1つ　20てん）

かけるかず

	1	2	3	4	5	6	7	8	9	10	11	12
1	1	2	3	4	5	6	7	8	9			
2	2	4	6	8	10	12	14	16	18			
3	3	6	9	12	15	18	21	24	27			
4	4	8	12	16	20	24	28	32	36	①		
5	5	10	15	20	25	30	35	40	45			
6	6	12	18	24	30	36	42	48	54			
7	7	14	21	28	35	42	49	56	63			
8	8	16	24	32	40	48	56	64	72			②
9	9	18	27	36	45	54	63	72	81			
10												
11												
12								③				

かけられるかず

① [　　　]

② [　　　]

③ [　　　]

1000より 大きい かずの あらわしかた

名まえ

とくてん　　　てん

① おりがみの　かずが　かいて　ある　かみを、
ミニオンたちが　とって　いったよ。
おりがみの　かずを　かぞえて、はん人を
せんで　むすぼう。

（ぜんぶ　できて　30てん）

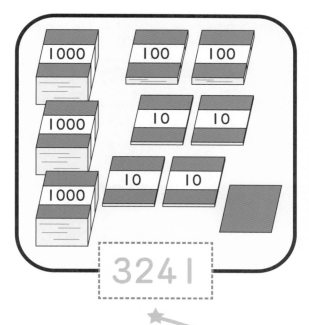

3241

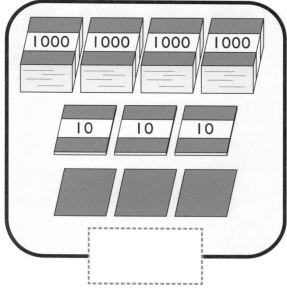

| 3412 | 4033 | 4330 | 3241 |

©くもん出版

2 つぎの かずを すう字で かこう。　（1つ 10てん）

① 六千百五十三　② 二千八百一

6153

3 つぎの かずを かん字で かこう。　（1つ 10てん）

① 2446　② 1050

二千四百四十六

4 つぎの かずに あうように、〇に いろを ぬろう。　（1つ 15てん）

① 4164

せん 千のくらい	ひゃく 百のくらい	じゅう 十のくらい	いち 一のくらい

② 3020

せん 千のくらい	ひゃく 百のくらい	じゅう 十のくらい	いち 一のくらい

82

41 1000より 大きい かず①

1 ミニオンたちが あめを いっぱい かったよ。
みんな なんこ かったのかな。

（1つ 10てん）

①

3324

②

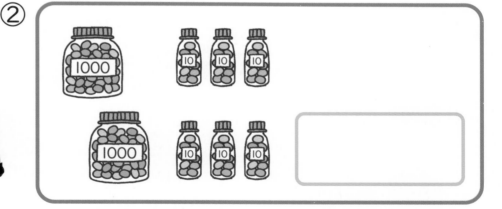

③

©くもん出版

2 □に あてはまる かずを かこう。 （1つ 10てん）

①1000が 7こ、100が 5こ、

10が 1こ、1が 4こで ⬜

②1000が 3こ、10が 7こで ⬜

③千のくらいが 6、百のくらいが 5、

十のくらいが 1、一のくらいが 3の

かずは、 ⬜

3 ケビンと カールが、カードを つかって
かずを つくったよ。
それぞれ いくつかな。

（1つ 20てん）

① | 100 | 100 | 100 |
100	100	100
100	100	100
100	100	
100	100	
10	1	
10	1	

⬜

② | 100 | 100 | 100 | 100 | 100 |
100	100	100	100	100
100	100	100	100	100
100	100	100	100	100
100	100	100	100	100
100	100	100	100	100
100	100	100		
100	100			

⬜

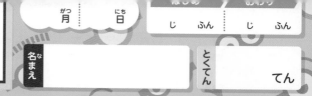

がつ 月	にち 日

名まえ

はじめ		おわり	
じ	ふん	じ	ふん

とくてん		てん

42 1000より 大きい かず②

1 ボブ、ジェリー、メル、スチュアートは それぞれ
かずの かかれた かみを もって いるよ。
下の ヒントを もとに、もって いる カードを
あてよう。

（1つ 10てん）

8704	7840	7804	8740

ボブ

いちばん 小さい かずだよ。

ジェリー

ボブの かずの、十のくらいの すう字と
一のくらいの すう字を いれかえた かずだよ。

メル

ジェリーの かずの、千のくらいの すう字と
百のくらいの すう字、十のくらいの すう字と
一のくらいの すう字を いれかえた かずだよ。

スチュアート

いちばん 大きい かずだよ。

ボブ	ジェリー	メル	スチュアート
7804			

85

©くもん出版

① 8000 > 7890　　② 9451 □ 9728

③ 6834 □ 6841　　④ 4698 □ 4689

⑤ 7502 □ 7506　　⑥ 8511 □ 8510

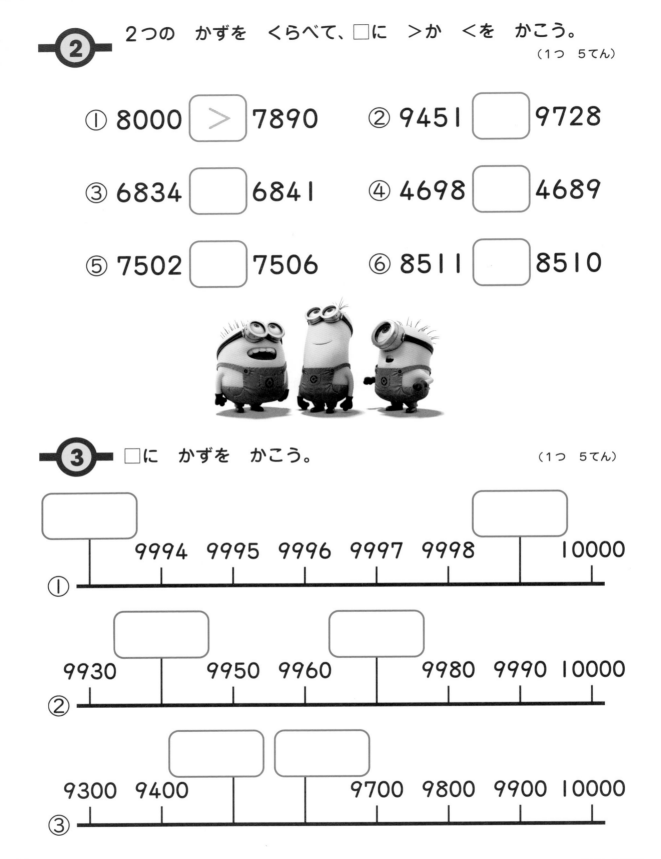

3 □に かずを かこう。

（1つ 5てん）

① [　] 9994 9995 9996 9997 9998 [　] 10000

② 9930 [　] 9950 9960 [　] 9980 9990 10000

③ 9300 9400 [　] [　] 9700 9800 9900 10000

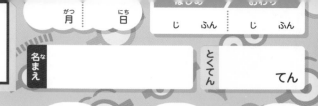

月　日

名まえ

とくてん　　てん

① ボブと デイブは、大きな 正ほうけいの かみの
いちぶぶんに いろを ぬったよ。
いろを ぬった ところが もとの 大きさの はんぶんに
なって いる ものを すべて えらんで ◯で かこもう。

（ぜんぶ てきて 10てん）

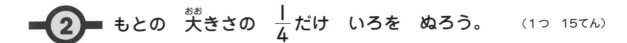

2 もとの 大きさの $\frac{1}{4}$ だけ いろを ぬろう。 （1つ 15てん）

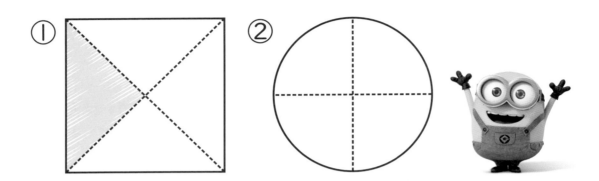

① ②

3 いろを ぬった ところの 大きさは、
もとの 大きさの なんぶんの一かな。 （1つ 20てん）

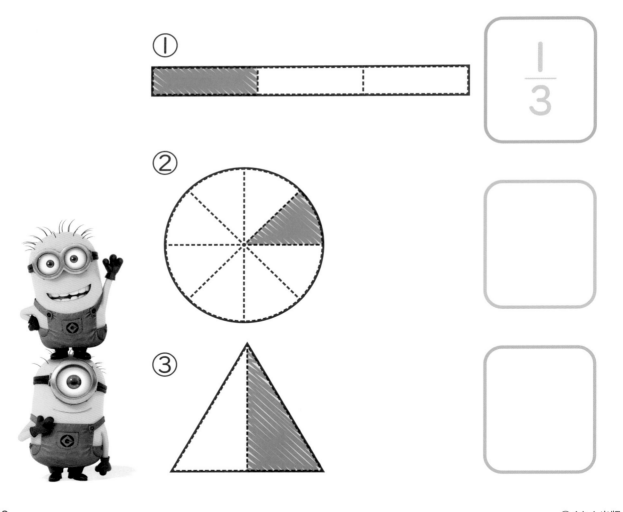

①

$$\frac{1}{3}$$

②

③

44 ぶんすう

<table>
<tr><td>月</td><td>日</td><td>じ</td><td>ふん</td><td>じ</td><td>ふん</td></tr>
</table>

名まえ

とくてん　　てん

① カップケーキが　12こ　あるよ。
おなじ　かずずつ　わけると、ひとりぶんは
なんこに　なるかな。

（1つ　20てん）

①ふたりで　わけるよ。

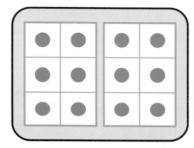

6こ

②4人で　わけるよ。

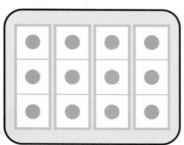

③3人で　わけるよ。

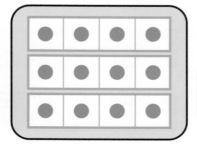

89

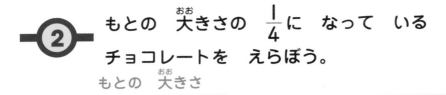

2 もとの 大きさの $\frac{1}{4}$ に なって いる
チョコレートを えらぼう。　　　　（1つ　15てん）

もとの 大きさ

①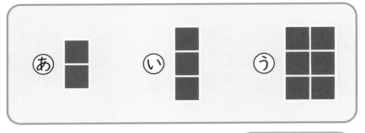

あ　　い　　う

もとの 大きさ

②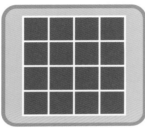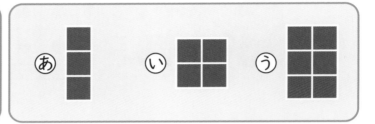

あ　　い　　う

3 あかい テープは、もとの ながさの $\frac{1}{3}$ だよ。
もとの ながさに まるを つけよう。　（10てん）

90

① たしざん　　3・4ページ

① ①4本　②7本　③5本　④2本
② ①20　②30　③80　④23　⑤31
　　⑥45　⑦94　⑧62　⑨54
③ しき 28＋6＝34　こたえ 34まい

② ひきざん　　5・6ページ

① ①25本　②27本　③28本　④24本
② ①11　②44　③62　④87　⑤37
　　⑥47　⑦78　⑧58　⑨69
③ しき 32－5＝27　こたえ 27本

③ たしざんの　ひっさん①　　7・8ページ

① 9　5　8　6　5　8
②

①
```
   4 3
 + 2 2
   6 5
```
②
```
   1 4
 + 7 1
   8 5
```
③
```
   8 4
 + 1 2
   9 6
```
④
```
   5 3
 + 3 3
   8 6
```

③ しき 31＋25＝56
こたえ 56円
```
   3 1
 + 2 5
   5 6
```

④ たしざんの　ひっさん②　　9・10ページ

① ①0　②6　③9　④9
②

①
```
   1 6
 + 2 7
   4 3
```
②
```
   3 5
 + 2 9
   6 4
```
③
```
   4 8
 + 1 2
   6 0
```
④
```
   2 3
 + 5 0
   7 3
```

③ しき 18＋26＝44
こたえ 44きょく
```
   1 8
 + 2 6
   4 4
```

⑤ たしざんの　ひっさん③　　11・12ページ

①
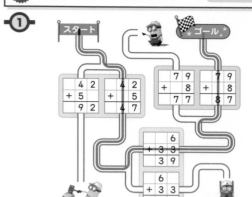

②

①
```
   4 3
 +   9
   5 2
```
②
```
   5 8
 +   5
   6 3
```
③
```
     7
 + 8 6
   9 3
```
④
```
     4
 + 6 6
   7 0
```

③ しき 39＋8＝47
こたえ 47こ
```
   3 9
 +   8
   4 7
```

⑥ たしざんの　きまり　　13・14ページ

①
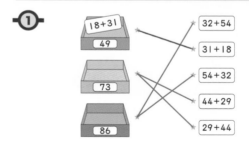

② ①68　たしかめ 52＋16＝68
　　②93　たしかめ 22＋71＝93

③

46＋23	？
64＋32	42＋36
23＋46	

(23＋46 に○)

37＋57	？
51＋37	57＋37
53＋37	

(57＋37 に○)

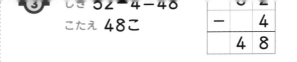

7 ひきざんの ひっさん① 15・18ページ

① ②4 ③5
76−22=54

```
  7 6
− 2 2
  5 4
```

②
①
```
  5 5
− 2 1
  3 4
```
②
```
  4 7
− 1 4
  3 3
```
③
```
  6 4
− 3 2
  3 2
```
④
```
  8 9
− 4 8
  4 1
```

③ しき 38−25=13
こたえ 13人
```
  3 8
− 2 5
  1 3
```

8 たしざんの ひっさん② 17・18ページ

① ①6 ②8 ③1 ④4

②
①
```
  3 1
− 2 5
    6
```
②
```
  5 3
− 1 8
  3 5
```
③
```
  6 0
− 4 6
  1 4
```
④
```
  9 4
− 4 5
  4 9
```

③
```
  7 2
− 3 9
  3 3
```

9 たしざんの ひっさん③ 19・20ページ

①
```
  8 3
−   7
（  ）
```
```
  8 3
−   7
（○）
```
```
  8 3
−   7
  7 6
```

②
①
```
  3 4
−   8
  2 6
```
②
```
  6 1
−   4
  5 7
```
③
```
  7 0
−   6
  6 4
```
④
```
  5 0
−   5
  4 5
```

しき 52−4=48
こたえ 48こ
```
  5 2
−   4
  4 8
```

10 ひきざんの きまり 21・22ページ

①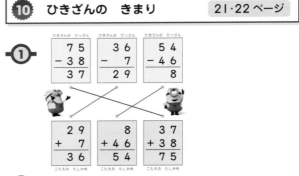

② ⓘ

③ ①43　たしかめ 43+42=85
②39　たしかめ 39+51=90

11 たしざん・ひきざんの ひっさんの れんしゅう① 23・24ページ

①
①
```
  3 5
+ 2 4
  5 9
```
②
```
  4 6
+ 3 7
  8 3
```
③
```
  6 2
+ 2 8
  9 0
```
④
```
  4 9
− 3 5
  1 4
```
⑤
```
  5 1
− 1 7
  3 4
```
⑥
```
  8 0
− 3 2
  4 8
```

② しき 21−18=3
こたえ 3人
```
  2 1
− 1 8
    3
```

③ ①5　②2

12 100より 大きい かずの あらわしかた 25・26ページ

① ①2　②3　③7　④237

② ①421　②210

③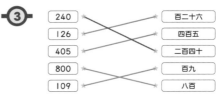

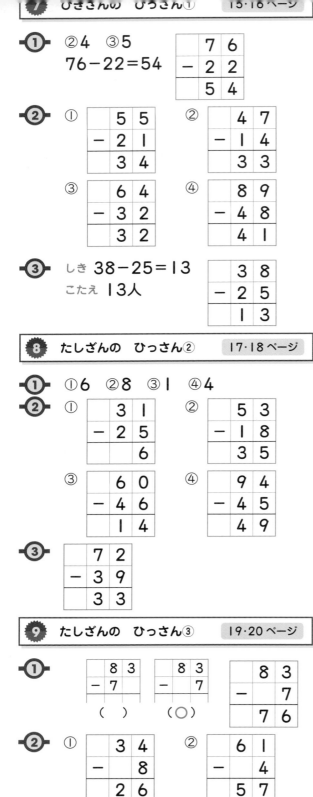
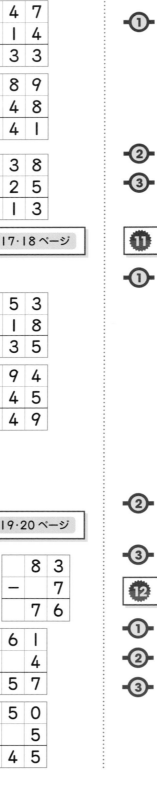

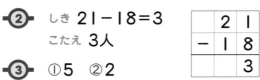

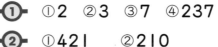

① 200、50、250

② ①4、2、6
　②713　③500　④80

⑭ 100より 大きい かず② `29・30 ページ`

① ぬいぐるみ

② ①10　②600　③200

③ ①585、600、612
　②700、820、950

⑮ かずの 大小 `31・32 ページ`

①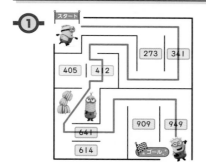

② ①<　②>　③<

③ ⑥⑨⑨ ⑦①⑥ ⑦②⑤ ⑦④⑨
　754　761　841　861

⑯ たしざんと ひきざん `33・34 ページ`

① 11-2=9、9、9、90

② ①120　②120　③110　④90
　⑤60　⑥90　⑦500　⑧1000
　⑨100　⑩700

③ しき 30+80=110
　こたえ 110円

⑰ >、<、=を つかった しき `35・36 ページ`

① ①大きい、>　②小さい、<

② ①<　②=　③>

③ ⑦

93

⑱ しきの けいさん `37・38 ページ`

① しき 7+18+2
　①7+18、25、25+2、27
　②18+2、20、7+20、27
　こたえ 27まい

② ①34　②34

③ ①41　②70　③59

④ しき 16+6+4=26
　こたえ 26ぴき

⑲ たしざんの ひっさん④ `39・40 ページ`

① 6、13、1、136

```
   3 2
+  9 6
1 2 8
```

② ①
```
   7 2
+  4 5
1 1 7
```
②
```
   3 1
+  8 7
1 1 8
```
③
```
   4 3
+  6 6
1 0 9
```
④
```
   6 0
+  7 5
1 3 5
```

③ しき 52+63=115
　こたえ 115本
```
   5 2
+  6 3
1 1 5
```

⑳ たしざんの ひっさん⑤ `41・42 ページ`

① ①3　②2

② ①
```
   7 8
+  6 4
1 4 2
```
②
```
   3 3
+  9 9
1 3 2
```
③
```
   5 7
+  6 3
1 2 0
```
④
```
   8 6
+  8 5
1 7 1
```

③ しき 48+52=100
　こたえ 100ページ
```
   4 8
+  5 2
1 0 0
```

©くもん出版

こたえ 263まい

```
 +       7
   2 6 3
```

21 ひきざんの ひっさん④　43・44ページ

1 ② 2　③ 12　82

2
①
```
  1 5 3
-   6 2
    9 1
```
②
```
  1 4 9
-   8 6
    6 3
```
③
```
  1 2 8
-   5 2
    7 6
```
④
```
  1 3 5
-   9 1
    4 4
```

3　しき 146－73＝73
こたえ 73ページ
```
  1 4 6
-   7 3
    7 3
```

24 大きい かずの ひきざんの ひっさん　49・50ページ

1
```
  4 7 1        3 8 7
-   2 8      -   6 2
  3 4 3        3 2 5
```
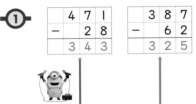
```
  3 5 2        3 9 3
-     9      -   6 8
  3 4 3        3 2 5
```

2
①
```
  5 7 4
-   6 1
  5 1 3
```
②
```
  3 5 2
-   4 4
  3 0 8
```
③
```
  7 7 6
-   3 7
  7 3 9
```
④
```
  2 4 1
-   1 6
  2 2 5
```

3　しき 262－57＝205
こたえ 205こ
```
  2 6 2
-   5 7
  2 0 5
```

22 ひきざんの ひっさん⑤　45・46ページ

1
① 79
```
  1 4 2
-   6 3
    7 9
```
② 87
```
  1 7 6
-   8 9
    8 7
```

2
①
```
  1 2 1
-   6 5
    5 6
```
②
```
  1 3 5
-   7 6
    5 9
```
③
```
  1 4 6
-   4 8
    9 8
```
④
```
  1 6 4
-   9 9
    6 5
```

3　しき 172－94＝78
こたえ 78本
```
  1 7 2
-   9 4
    7 8
```

25 たしざん・ひきざんの ひっさんの れんしゅう②　51・52ページ

1
①
```
    5 5
+   8 3
  1 3 8
```
②
```
    4 8
+   9 7
  1 4 5
```
③
```
  1 3 9
-   5 4
    8 5
```
④
```
  1 2 5
-   2 8
    9 7
```
⑤
```
    3 1 7
+     2 7
    3 4 4
```
⑥
```
    2 4 3
-     3 4
    2 0 9
```

2　しき 57＋63＝120
こたえ 120こ
```
    5 7
+   6 3
  1 2 0
```

3　① 6　② 8

23 大きい かずの たしざんの ひっさん　47・48ページ

1　① 6　② 7　③ 9　④ 7

2
①
```
  3 4 3
+   1 9
  3 6 2
```
②
```
  4 1 7
+   2 3
  4 4 0
```
③
```
  5 2 4
+     8
  5 3 2
```
④
```
  6 3 5
+     5
  6 4 0
```

94

1 ①3、3、3、3、12、3、4、12
②6、6、6、18、6、3、18

2 ①しき 5×2(=10) こたえ 10本
②しき 4×6(=24) こたえ 24本
③しき 2×5(=10) こたえ 10本

3 しき 6×5(=30) こたえ 30こ

---

27 5のだんの 九九　　55・56ページ

2 ①15 ②30 ③45 ④5 ⑤20
⑥35 ⑦40 ⑧10 ⑨25

3 しき 5×7=35 こたえ 35ページ

---

28 2のだんの 九九　　57・58ページ

2 ①8 ②14 ③6 ④2 ⑤10
⑥12 ⑦4 ⑧18 ⑨16

3 しき 2×3=6 こたえ 6こ

---

29 3のだんの 九九　　59・60ページ

2 ①6 ②15 ③21 ④9 ⑤3
⑥27 ⑦12 ⑧18 ⑨24

3 しき 3×6=18 こたえ 18こ

---

30 4のだんの 九九　　61・62ページ

2 ①32 ②24 ③20 ④8 ⑤4
⑥16 ⑦28 ⑧36 ⑨12

3 しき 4×8=32 こたえ 32こ

---

31 6のだんの 九九　　63・64ページ

2 ①6 ②30 ③36 ④48 ⑤24
⑥54 ⑦42 ⑧18 ⑨12

3 しき 6×3=18 こたえ 18人

---

32 7のだんの 九九　　65・66ページ

2 ①28 ②49 ③63 ④21 ⑤7
⑥35 ⑦56 ⑧14 ⑨42

3 しき 7×5=35 こたえ 35ふん

---

33 8のだんの 九九　　67・68ページ

2 ①40 ②48 ③56 ④24 ⑤16
⑥32 ⑦8 ⑧64 ⑨72

3 しき 8×7=56 こたえ 56本

---

34 9のだんの 九九　　69・70ページ

2 ①45 ②27 ③72 ④9 ⑤36
⑥54 ⑦18 ⑧81 ⑨63

3 しき 9×4=36 こたえ 36こ

---

35 1のだんの 九九　　71・72ページ

2 ①5 ②3 ③9 ④1 ⑤2
⑥7 ⑦8 ⑧4 ⑨6

3 しき 1×9=9 こたえ 9こ

---

36 なんばい　　73・74ページ

1 ①
②
③

2 しき 5×3=15 こたえ 15cm

3 ①しき 3×6=18 こたえ 18本
②しき 2×4=8 こたえ 8L

---

37 かけざんの れんしゅう　　75・76ページ

1 ①18 ②32 ③18 ④40 ⑤35 ⑥36
⑦6 ⑧14 ⑨21 ⑩48 ⑪49 ⑫81

2 ①4、3 ②8、9

3 しき 9×6=54 こたえ 54円

38 かけざんの きまり 77·78 ページ

- 1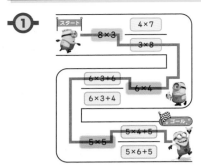
- 2 ①5 ②4 ③8 ④9
- 3 ①28、35、42 ②4、32、36

39 九九の ひょう 79·80 ページ

- 1

かけられるかず＼かけるかず	1	2	3	4	5	6	7	8	9
1	1	2	3	4	5	6	7	8	9
2	2	4	6	8	10	12	14	16	18
3	3	6	9	12	15	18	21	24	27
4	4	8	12	16	20	24	28	32	36
5	5	10	15	20	25	30	35	40	45
6	6	12	18	24	30	36	42	48	54
7	7	14	21	28	35	42	49	56	63
8	8	16	24	32	40	48	56	64	72
9	9	18	27	36	45	54	63	72	81

- 2 ①40 ②96 ③96

40 1000 より 大きい かずの あらわしかた 81·82 ページ

- 1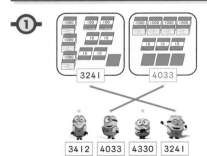
- 2 ①6153 ②2801
- 3 ①二千四百四十六 ②千五十
- 4 ①

●●●●○	●○○○○	●●●●●	●●●●●
○○○○○	○○○○○	●○○○○	○○○○○
千のくらい	百のくらい	十のくらい	一のくらい

②

●●●○○	○○○○○	●●○○○	○○○○○
○○○○○	○○○○○	○○○○○	○○○○○
千のくらい	百のくらい	十のくらい	一のくらい

41 1000 より 大きい かず① 83·84 ページ

- 1 ①3324 ②2060 ③1200
- 2 ①7514 ②3070 ③6513
- 3 ①1322 ②3500

42 1000 より 大きい かず② 85·86 ページ

- 1 ボブ 7804 ジェリー 7840
  メル 8704 スチュアート 8740
- 2 ①> ②< ③< ④> ⑤< ⑥>
- 3 ①9993、9999 ②9940、9970
  ③9500、9600

43 おなじ 大きさに わける 87·88 ページ

- 1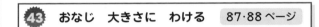
- 2 （れい）① 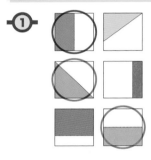 ②
- 3 ①$\frac{1}{3}$ ②$\frac{1}{8}$ ③$\frac{1}{2}$

44 ぶんすう 89·90 ページ

- 1 ①6こ ②3こ ③4こ
- 2 ①ⓘ ②ⓘ
- 3

96